照明篇

江苏省装饰装修发展中心　主编

中国建筑工业出版社

图书在版编目（CIP）数据

打造美好的家：住宅装饰装修必知．3，照明篇／江苏省装饰装修发展中心主编．—北京：中国建筑工业出版社，2022.8

ISBN 978-7-112-27591-5

Ⅰ．①打…　Ⅱ．①江…　Ⅲ．①住宅照明—照明设计　Ⅳ．①TU767 ②TU113.6

中国版本图书馆CIP数据核字（2022）第117302号

《打造美好的家——住宅装饰装修必知》

编写委员会

照明篇

主　　编：范　文

编写人员：王　腾　吴俊书　宋田田　郁紫烟　陈得生

设计篇

主　　编： 陈得生

编写人员： 王　剑　孙建民　浦　江　尹　会　范文谦
张云晓　范　文　王　鹏　宋田田

合同篇

主　　编： 王　鹏

编写人员： 贾朝晖　刘　栋　汤卫国　季　莉　童珺森

验收篇

主　　编： 张云晓

编写人员： 王　亮　徐　杰　任道远　陈　胜　贾祥焱
汤卫国　贾朝晖　施忠亮　李　晓

绿植篇

主　　编： 宋田田

编写人员： 庄　凯　徐晶园　范　文　文　乔

序

随着住房消费市场从住有所居的刚性需求向住有宜居的品质追求转变，室内装饰装修行业的设计标准和服务内容不断延伸，与百姓生活密切相关。

江苏省装饰装修发展中心多年以来致力于装饰装修行业标准、技术、规范的研究。为适应装饰装修市场快速发展的需要，满足人民群众对美好生活的向往，由江苏省装饰装修发展中心发起，联合江苏省装饰装修行业协会（商会）、南京林业大学、龙信建设集团有限公司、红蚂蚁装饰股份有限公司、深圳瑞生工程研究院有限公司、苏州安得装饰设计工程有限公司等单位，编写了《打造美好的家——住宅装饰装修必知》一书，旨在：①面向住宅装饰消费者进一步加强对住宅装饰装修全流程的科普宣传工作；②引导消费者了解住宅装饰装修基本知识，掌握设计与施工的流程、方法；③具备针对特定装修问题的基本判断和辨识能力，并知晓相关的解决方法和渠道；④促进和引领大众装饰审美的提升。

该书为科普图书，共有5个分册，从设计、合同、照明、验收、绿植方面对目前装修市场最新的流行趋势、法律法规、施工工艺、技术规范进行了翔实的阐述，为住宅装饰消费者提供技术支持和帮助，供装修业主参阅。同时本书还精选了一些实际案例，是目前市场上比较全面的住宅装饰装修科普类书籍之一。

由于时间仓促，水平有限，如有不妥，请批评指正。

编者

2022年8月

前　言

在住宅空间环境中，照明是非常重要的组成部分，同时也是很容易被忽视的内容。照明除了满足生活需求外，还可以增加室内空间层次，强化室内的艺术装饰效果，甚至会影响到人们的情绪。合理的照明设计可以营造出舒适的居家氛围，同时可满足不同用户个性化的光环境需求。

本分册以住宅建筑的照明设计标准为基础，结合住宅装修中经常遇到的照明问题，采用图文并茂的方式介绍了住宅照明设计的一般方法及灯具选用的基础知识。力求用通俗易懂的知识介绍和案例讲解，为广大消费者提供住宅照明设计及工程实践的基本指导。

苏州金螳螂建筑装饰股份有限公司上海设计公司为本分册的编写提供了技术支持，在此表示感谢！

目　录

第5章 照明设计要点解析

第6章 精彩案例赏析

第7章 住宅照明热点问题

第8章
照明设计趋势

第1章

住宅照明概述

1.1 住宅照明简介

住宅照明对日常生活具有十分重要的意义。良好的灯光环境可以使人心情舒畅，读书或学习效率得到提高，同时也能让人感受到生活的美好，对工作和生活充满信心。

住宅照明应重点关注：

①灯具的选择：节能、使用寿命长、光效高；

②确定整体色温与光影的基调；

③灯具外观与室内装修风格协调。

小技巧

住宅照明需要使用节能高效、使用寿命长、能满足不同照明效果的光源，创造明亮、舒适、无眩光、照度均匀的基础照明，提供具有艺术品位和情调的重点照明和良好的功能照明。

1.2 常用照明术语解析

常用照明术语解析见表1-1。

常用照明术语解析 **表1-1**

照明术语	单位	定义
光通量	流明（lm）	根据辐射对标准光度观察者的作用导出的光度量
发光强度	坎德拉（cd）	发光体在某一方向的立体角内传输的光通量除以该立体角所得的商
照度	勒克斯（lx）	入射在包含该点的面元上的光通量除以该面元面积所得的商，即单位面积上的光通量
亮度	坎德拉每平方米（cd/m^2）	亮度表示人看一个发光体或被照射物体表面的发光或反射光强度时，实际感受到的明亮度，为单位面积上的发光强度
色温	开（K）	当光源的色品与某一温度下黑体的色品相同时，该黑体的绝对温度为此光源的色温，亦称“色度”。大致可分为冷白色、中间色、暖黄色
显色性	—	与参考标准光源相比较，光源显现物体颜色的特性。多指还原物体颜色的程度。通常用一般显色指数R_a表示，R_a值越接近100表示显色性越好。特殊显色指数的符号为R_i
基础照明	—	为照亮整个场所而设置的均匀照明
局部照明	—	特定视觉工作用的，为照亮某个局部而设置的照明
混合照明	—	由基础照明与局部照明组成的照明
重点照明	—	为提高指定区域或目标的照度，使其比周围区域突出的照明
频闪效应	—	在以一定频率变化的光照射下，观察到物体运动显现出不同于实际运动的现象
灯具效能	流明每瓦特（lm/W）	在规定的使用条件下，灯具发出的总光通量与其所输入的功率之比

续表

照明术语	单位	定义
眩光	—	由于视野中的亮度分布或亮度范围的不适宜，或存在极端的对比，以致引起不舒适感觉或降低观察细部或目标的能力的视觉现象
照明功率密度	瓦特每平方米（W/m^2）	单位面积上基础照明的安装功率（包括光源、镇流器或变压器等附属用电气件）

1.感受照度

满月之夜地面照度为0.1～0.2lx，夜晚道路照度一般为10～30lx，晴天室外的照度一般为5000～100000lx，住宅居室的照度一般为50～500lx，如图1-1所示。

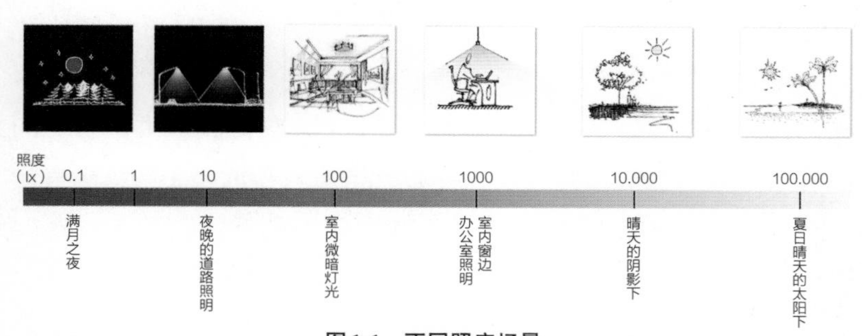

图1-1 不同照度场景

（图片来源：中国建筑装饰协会建筑电气分会《建筑装饰装修室内空间照明设计应用手册》）

2.感受色温

由图1-2可以看出，色温值越低，光给人的感受越温暖，而色温值越高，光给人的感受越冰冷。所以，在住宅的照明设计中，使用光源色温为3000～4500K的照明灯具较多，能在室内空间中呈现宜居舒适的光环境。

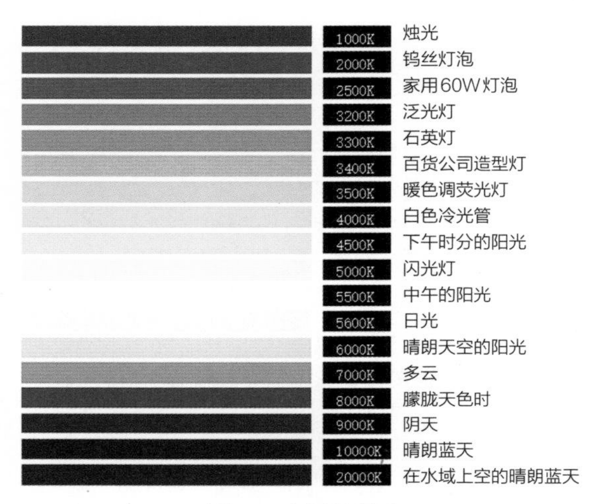

图1-2　色温示意图

3. 色温与照度之间的关系

根据科鲁伊索夫曲线的研究（图1-3），色温和照度两者之间的关系与人的感受存在一定的关联，当照度和色温关系落到表内蓝色区域（色温高、照度低），就会有阴冷的感觉，而落在橘红

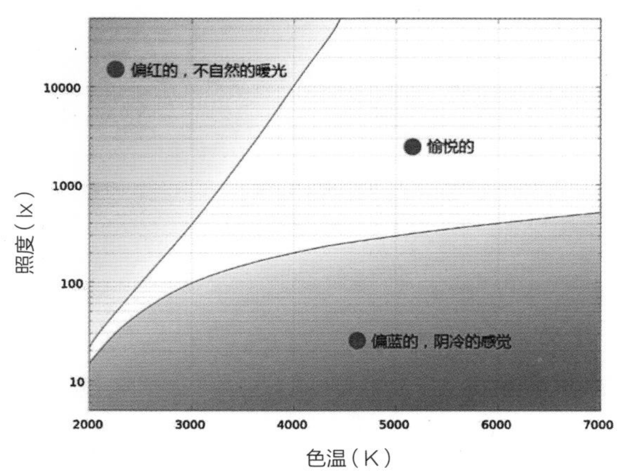

图1-3　科鲁伊索夫曲线

色区域（色温低、照度高）则有不自然暖光环境的感觉。当落到了白色区域，人们才会感受到自然愉悦的氛围[①]。在进行照明设计时应根据需要的场景效果，选择合适的色温与照度的配比。

4. 住宅建筑照明标准值的相关规定[②]

住宅建筑照明标准值见表1-2。

住宅建筑照明标准值 **表1-2**

房间或场所		参考平面及其高度	照度标准值（lx）	显色指数（R_a）
起居室	一般活动	0.75m水平面	100	80
	书写、阅读		300*	
卧室	一般活动	0.75m水平面	75	80
	床头、阅读		150*	
老年人起居室	一般活动	0.75m水平面	200	80
	书写、阅读		500*	
老年人卧室	一般活动	0.75m水平面	150	80
	床头、阅读		300*	
餐厅		0.75m餐桌面	150	80

注：*指混合照明照度。消费者可用照度测量仪测量各房间的实际照度值。

① 中国建筑装饰协会建筑电气分会.建筑装饰装修室内空间照明设计应用手册[M].北京：中国建筑工业出版社，2021.

② 住房和城乡建设部.建筑照明设计标准GB 50034—2013[S].北京：中国建筑工业出版社，2013.

第2章

住宅照明主要类型

住宅空间的照明方式千变万化，常见的有基础照明、局部照明、重点照明以及混合照明。使用不同的照明手法并结合室内的装饰造型、软装配饰等，可以营造出不同的照明效果。

2.1 基础照明

基础照明也称环境照明，是为满足空间视觉及活动设置的均匀照明，其优点在于照度比较均匀，使得整体空间看上去明亮宽敞（图2-1）。

2.2 局部照明

局部照明是为工作面、操作面或某局部提供的照明，可以更好、更加便利地完成视觉工作，或达到保护人员安全的目的。例如书房桌面、梳妆台、厨房操作台等（图2-2）。

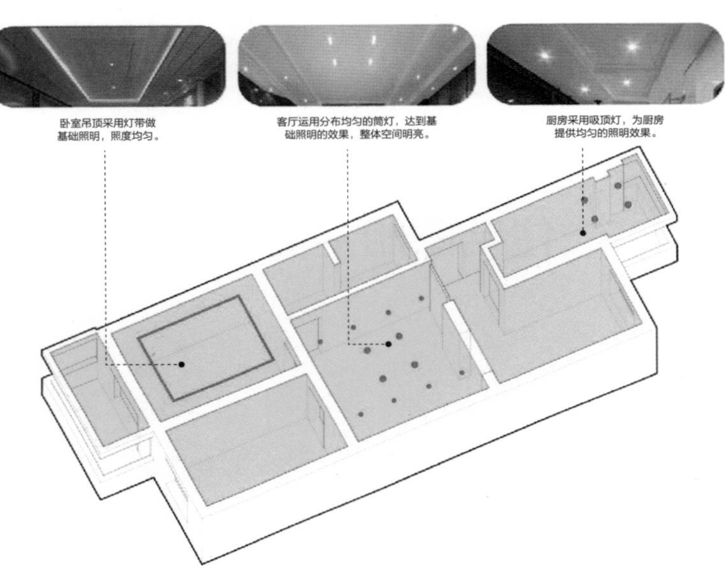

图 2-1　基础照明效果展示

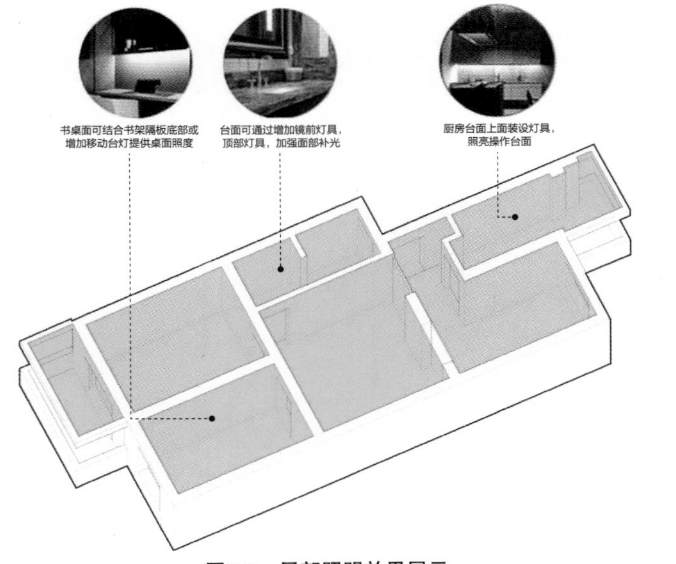

图 2-2　局部照明效果展示

2.3 重点照明

重点照明是为展示物品或特定区域提供的更加集中的、高照度的照明，从而达到增强视觉冲击、使被照射的物体更醒目的效果（图2-3、图2-4）。例如墙面的装饰挂画、艺术品等。

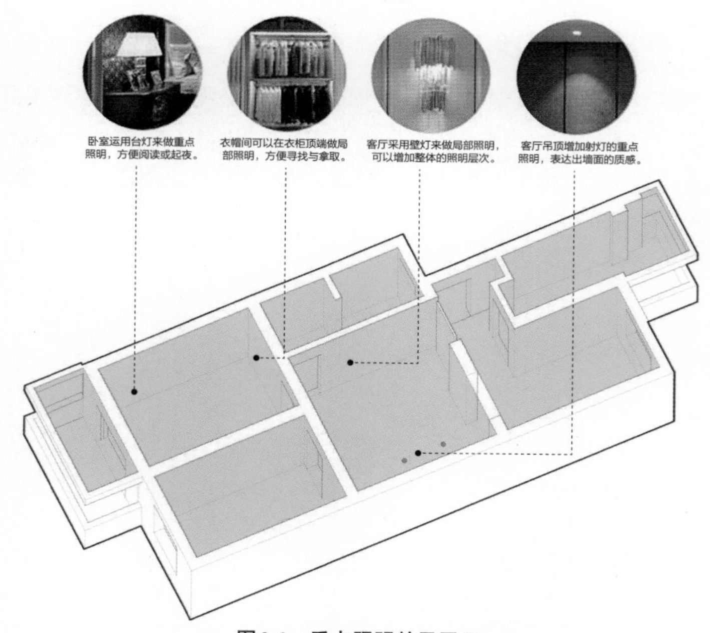

图2-3 重点照明效果展示

2.4 混合照明

混合照明是在基础照明的基础上，增加一种或多种照明手法，共同创建空间光环境的照明（图2-5）。混合照明可满足不同

玄关处使用隐藏式的灯具，为艺术品提供照明，增强空间的艺术氛围。

图2-4　玄关重点照明效果展示

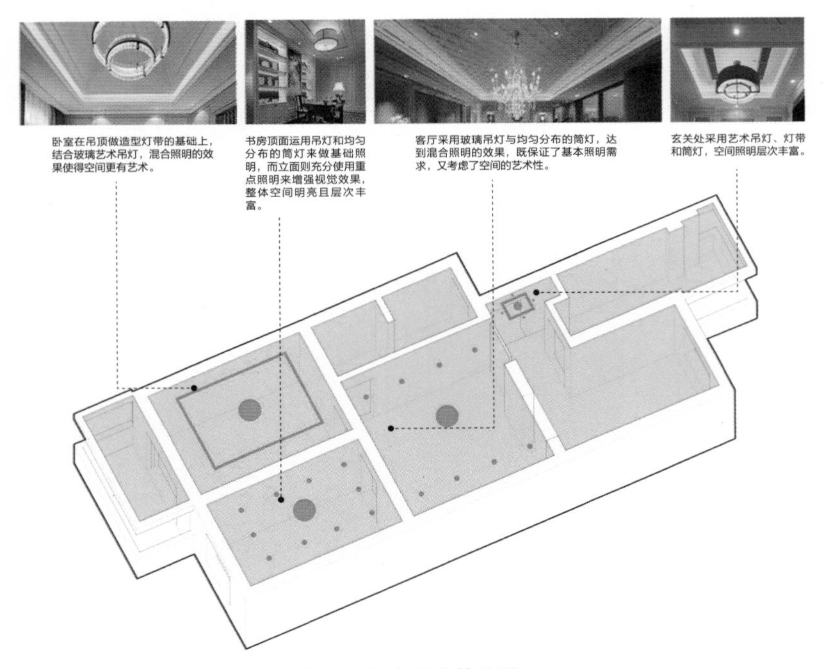

图2-5　混合照明效果展示

生活场景的需要，同时可丰富室内的空间层次。例如客厅、卧室、书房，通常会用到多种照明手法相结合的混合照明（图2-6）。

为日常活动提供基础照明的吸顶灯与烘托气氛的暖色吊灯相结合，形成混合照明，增加了空间的层次感和色彩感。

图2-6　客厅、餐厅混合照明效果展示

第3章

灯具常识

3.1 光源

光源有自然光源和人造光源，自然界中有各种各样的光源，有自然形成的太阳、雷电、极光……也有发光发亮的各种生物。

我们的生活离不开光，人造光目前已更新到了第四代即半导体发光二极管，发明于20世纪60年代，20世纪90年代末开始合成为白光LED，成为一种新型光源。

以下分别介绍住宅建筑里最常用的几种光源。

1.白炽灯

由支撑在玻璃柱上的钨丝以及包围它们的玻璃外壳、灯帽、电极等组成，白炽灯的发光原理是电流通过钨丝，加热灯丝后散发可见射线，产生光（图3-1）。

图3-1 白炽灯

白炽灯特点：显色性高，光效低，寿命短。色温为2500～3000K，显色指数为95～99。

2.荧光灯

荧光灯是一种低压汞放电灯。其两端各有一个密封的电极，管内充有低压汞蒸汽及少量助燃的氩气。灯管内壁涂有一层荧光粉，当灯管两极通电后，通过加热灯丝使得电离产生紫外线，紫外线射到灯管内壁的荧光物质，刺激使其发出可见光（图3-2）。

图3-2　荧光灯

荧光灯特点：线性光源，无方向性，发光效率较高（是普通白炽灯的4～5倍），寿命长（是白炽灯的5～10倍），节能效果明显（比白炽灯节电80%），需配用镇流器使用。荧光灯因含汞等有害物质，已逐渐减少使用。荧光灯的色温为2700～6500K，显色指数为80～85。

3.金卤灯

金卤灯是在汞和稀有金属的卤化物混合蒸汽中产生电弧放电发光的气体放电灯，是在高压汞灯基础上添加各种金属卤化物制成的光源[①]。住宅室内常把金卤灯用作重点照明。

① 北京照明学会照明设计专业委员会.照明设计手册[M].北京：中国电力出版社，2016.

金卤灯优点：光效高，光色好，寿命长等，陶瓷金卤灯的性能更为优异。缺点是造价高，对电压要求高。金卤灯的色温为3000～4500K，显色指数为85～95。

4. LED灯

LED灯又称发光二极管灯，LED是一种半导体元件，利用高科技将电能转化为光能（图3-3）。

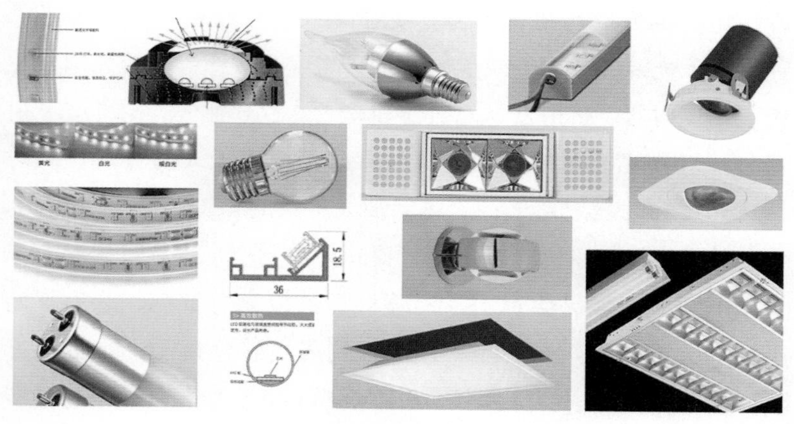

图3-3　LED灯

LED灯优点：光效高，功耗低，维护成本低，尺寸小，抗冲击和抗震能力强，点光源发光特性，无红外线和紫外线辐射，热量低，响应时间短；缺点是不同批次光源色容差偏差大，大功率光源散热方面存在欠缺。

LED光源的技术日新月异，光效不断提高，价格也在不断下降，其应用越来越广泛。从理论上说，除了特殊要求以外，住宅室内所有的照明光源均可用LED光源来代替。LED灯的色温为2500～6500K，显色指数为80～95。

3.2 灯具类型

灯具的主要组成元件有光源、电气部件、机械部件及重要的控光部件。

熟悉灯具构造有助于选择合适的灯具。电气部件是指为光源提供电源的部分；机械部件指支撑和安装灯具的灯体；控光部件决定了光源的发出方向、光通量、亮度、效率等。控光部件主要包括反射器、折射器、漫射器和遮光器及其他一些附件。反射器分配灯具光通量的多少；折射器改变原来光线的方向；漫射器将光线均匀漫射出去；遮光器加大灯具的保护角，减少眩光。灯具效率也称灯具的光输出比，反映光的利用率。

国际照明委员会（CIE）推荐将灯具按光通量在空间上下两半球的分配比例进行分类，国际照明界也普遍接受这种分类方法，按此分类方法将灯具分为以下五类：直接型灯具、半直接型灯具、漫射型（均匀扩散型）灯具、半间接型灯具、间接型灯具（表3-1）。

灯具出光方式按光通量的光强分布划分的五种类型　　表3-1

CIE分类	光通比（%）		光强分布①
	上半球	下半球	
直接型	0～40	100～90	

① 中国建筑装饰协会.建筑装饰装修室内空间照明设计应用标准T/CBDA 49—2021[S].北京：中国建筑工业出版社，2021.

续表

CIE分类	光通比（%）		光强分布
	上半球	下半球	
半直接型	10～40	90～60	
漫射型（均匀扩散型）	40～60	60～40	
半间接型	60～90	40～10	
间接型	90～100	10～0	

3.3 灯具选择

住宅空间中使用的灯具各种各样，如吊灯、吸顶灯、壁灯、台灯、落地灯、筒灯、射灯、线性灯等。

选择灯具时通常先考虑功能需求，其次是审美、控制及维护需求，还要兼顾业主的个人喜好。

1. 装饰性灯具

装饰性灯具主要有吊灯（图3-4）、壁灯（图3-5、图3-6）、台灯、落地灯等。

装饰性灯具的选择主要考虑灯壳与光源两个方面：①灯壳的样式、材质、颜色等多种多样，选择时需注意是否与空间及室内设计风格相协调。②光源的种类、光源参数以及出光方式。光源参数重点关注光源类型、色温、功率及发光角度（视灯具出光方式及效果确定）。

图3-4　不同形式的吊灯

小技巧

在使用吊灯的空间设计中，必须考虑天花板吊钩是否能承受灯具的重量；使用照明导轨时，电源与开关的系统位于导轨上，必须确认使用的照明器具是否兼容。

图3-5　壁灯

图3-6　壁灯应用效果图

2.功能性灯具

功能性灯具主要有筒灯、射灯、线性灯等（表3-2、图3-7）。

功能性灯具应重点关注灯具的参数，灯具参数包括灯具光通量、灯具发光角度、光源类型、光源色温以及防护性能、安装方式、灯具样式等。

功能性灯具的常见类型　　表3-2

灯具类型	常用光源	优点
筒灯	LED灯、节能灯	光线柔和，定向发光，可提供基础照明
射灯	LED灯、金卤灯	光线较集中，方向可调，可提供重点照明
线性灯	LED灯、荧光灯	光线柔和，造型新颖，可提供基础照明

图3-7　常见的功能性灯具

需要特别说明的是，部分灯具兼具功能性与装饰性（图3-8、图3-9）。在使用这样的灯具时，应两者兼顾。照明设计本就没有严格的空间界限，其目的都是在不同的空间环境中创造出舒适的光环境，灯具的使用应根据使用者的具体想法而定。

图3-8　落地灯材质对比效果

图3-9　材质冷暖对比效果

了解不同灯具的出光形式与出光效果可以帮我们更好地运用灯具。灯具更新换代较快，需要不断地学习与了解。目前常见的几种灯具发光形式（图3-10、图3-11）可供参考，具体运用时需明确想要的灯光效果，并应与实际安装结构相结合。

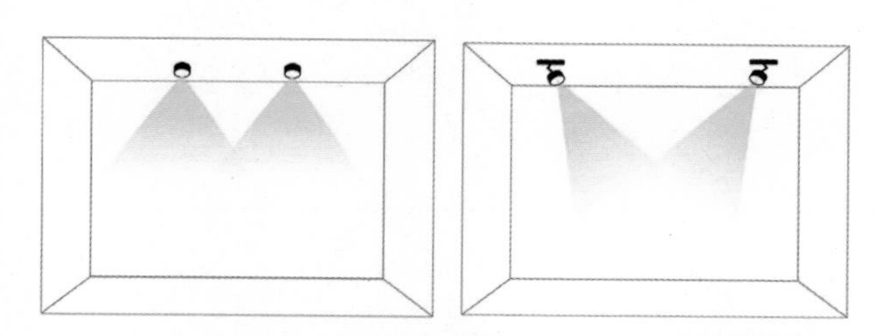

图3-10 筒灯照明效果与射灯照明效果

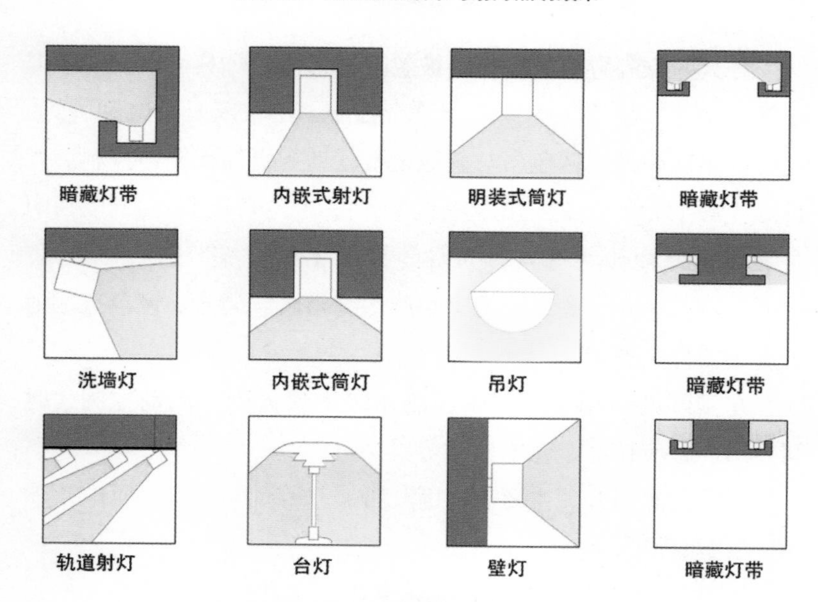

图3-11 各种灯具照明效果图

小技巧

在实际购买时若不了解所买灯具，可先订购几个样灯，确认灯具的出光效果。若效果不理想，这几个灯具也可用在不重要的空间，不至于浪费。

落地灯一般为成品出售，所以在使用落地灯的室内空间中，必须要注意摆设点周围是否安装有插座。一般应在前期的住宅装修设计时预留好插座点位。

3.4 灯具控制

灯具的控制方式往往容易被忽略，目前的灯具可以实现根据时间、功能、场景等不同需求进行控制，不仅仅是开灯和关灯，还可以实现调光、调色、与其他设备联动等更加智能地控制。灯具的“亮”最终是由连接线的终端——开关来控制，“开”则闭合线路，打开照明灯具，为空间提供光源；“关”则断开线路，关闭灯具。一开一关，决定了空间的亮与暗。调光、调色也是通过模块器件实现的。

在实际的运用中将照明控制系统大致分为：手动控制、时间控制、感应控制、光电控制等类型。

常用的照明开关主要有以下几种：

1.普通开关

通过手动开启、闭合的方式操作。手动操作该类开关的瓷柄，使动静触点闭合后，线路则接通；手动操作该类开关的瓷柄，使动静触点分开后，线路则被切断。根据开关的连接方式，又可细分为单控开关、双控开关、三控或多控开关。

单控开关：是家庭电路中最常见的控制开关，主要是指一个开关控制一件或多件电器，根据所连电器的数量又可以分为单控单联、单控双联、单控三联、单控四联等多种形式。如：厨房运用单控单联的开关，一个开关只需控制一组灯光；在客厅若安装三个射灯时，可以使用单控三联的开关来控制。

双控开关：双控开关在家庭电路中也是较常见的，就是两个开关同时控制一件或多件电器，根据所连电器的数量还可以分双联单开、双联双开等多种形式。双控开关用得恰当，会给家居生活带来很多便利。如：卧室的照明顶灯，一般可以在门旁边安装一个开关控制，在床头上再接一个开关，同时控制这个顶灯。那么进门时可以用门旁的开关打开灯，关灯时直接用床头的开关就可以了，非常方便，尤其是冬天天冷时更显得实用。上下楼梯时开关灯也经常会用到双控开关。

三控开关：又称中途开关或多控开关。可安在两个双控开关中间，三个开关共同控制一个灯。

2.声控开关

依靠声音传感器控制。声控开关（图3-12）内有麦克风、光敏电阻、三极管、电容器等电子元件。白天的时候，由于光敏电阻的阻值较小，就会屏蔽掉麦克风的信号输入。因为光敏电阻的因素可导致信号无法继续传送，即使有很大的声音白天的时候也不亮。

声控开关节约用电、使用方便。但由于开关频率高，会使得灯泡的寿命大大降低，同时可能造成一定的噪声污染。

图3-12　声控开关

图3-13　红外感应开关

3.红外感应开关

依靠红外热量传感器控制。红外感应开关（图3-13）是基于被动红外传感技术的自动控制开关，主要感应器件为人体热释电红外传感器。人体体温一般在37℃左右，会发出波长10μm左右的红外线，而人体周围的温度一般低于37℃，要大于人体红外辐射波长，热释电红外传感器就是通过探测区域内红外辐射的变化而进行工作的。

红外感应开关探测距离远，适用范围广泛，抗干扰能力强，工作性能稳定。但容易受各种热源、光源、射频辐射、热气流的干扰；穿透力差，人体的红外辐射容易被遮挡；环境温度和人体温度接近时，探测和灵敏度明显下降，有时造成短时失灵。

4.物联网智能开关

通过Wi-Fi、蓝牙、互联网、语音等方式控制灯光的开关，可以做到远程开关、定时开关、语音开关等智能开关方式，这也是近期及未来流行的趋势和方向。智能开关使用方便，随时可以使用手机App进行远程、定时开关，还可以语音控制等，极大提升了用户的使用体验（图3-14）。但也会受到网络信号不佳、互联网瘫痪等因素的影响。

图3-14　物联网智能开关

小技巧

照明控制系统需与室内弱电系统端口一致，在施工前期确定控制方式，设计图纸中预留好必要的连接端口，在施工前组织设计方向施工方进行设计交底，避免施工与设计不符。

第4章

照明设计流程及照明工程

4.1 照明设计流程

要求不高的住宅照明设计可由室内设计师完成，但是通常做的就是看哪里需要灯具以及选什么式样的灯具。随着行业的发展和客户的需求，住宅的照明设计也已越来越为用户所接受，对于灯光把控更为专业的照明设计师这一职业应运而生。

除了别墅或院落式住宅会有室外部分，其余住宅都是室内空间。住宅建筑空间的照明设计流程比较简单，大致可分为三个阶段：

1. 方案阶段

（1）参加业主组织的设计协调会议，与室内设计师沟通交流，充分了解业主的要求与定位；

（2）针对室内空间概念提供照明意向或灯光场景图，体现室内夜景核心内容；

（3）陈述设计方案，业主确认方案效果。

2.初步设计阶段

（1）依据确认后的方案，初步拟定灯具平面布置图及沟通安装方式；

（2）提供灯具的技术参数；

（3）沟通确认控制方式；

（4）提供照明设计灯具布置图、灯具选型等设计文件。

3.深化设计阶段

（1）深化灯具布置图、灯具安装大样图；

（2）提供照明控制逻辑图；

（3）提供灯具的型号和款式，包括灯具推荐选型式样、品牌、功率灯详细参数（灯具光学参数、防护等级、角度等技术资料）；

（4）根据业主要求或项目实际情况对深化设计进行局部修改。

实际项目中，可根据住宅空间的复杂程度及要求调整，如比较简单的住宅空间，可能只有方案阶段和深化设计阶段（图4-1）就可以了，但初步设计的内容并不会因此减少。

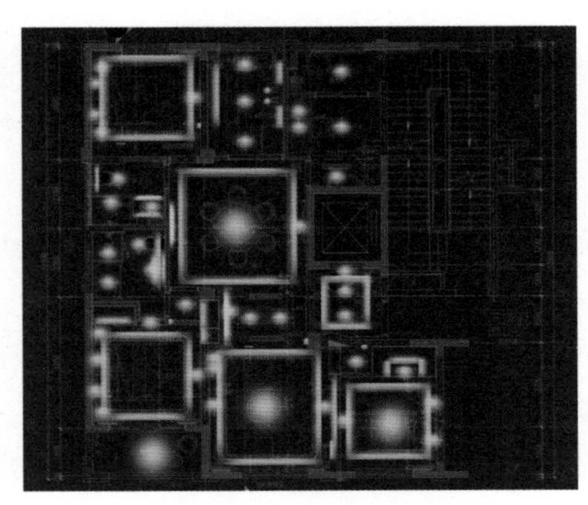

图4-1 照明平面示意图

4.2 照明工程

住宅照明工程属于住宅电气工程的一部分。住宅电气工程分为强电和弱电（智能化）两部分，照明线路属于强电。照明线路是建筑工程配电分部工程中的分项工程之一，属于建筑物竣工验收的主控项目。在《建筑电气工程施工质量验收规范》GB 50303—2015和《建筑节能工程施工质量验收标准》GB 50411—2019中，对室内照明线路都有明确的要求。室内线路的铺设质量，直接影响建筑物的质量和运行安全。多年来的触电和火灾事故不少与室内电气线路敷设相关。

在住宅装修的整个过程中，需要在以下几个阶段考虑到照明设计及施工：

1. 室内装修设计阶段

照明设计可在室内设计开始时进入，在室内方案过程中可起到点睛之笔，还可提前考虑灯具节点安装与配电设备的隐藏。

2. 室内装修施工阶段

主要有电气材料和灯具采购、装修施工（管线敷设、施工预留）、电气安装三方面工作内容。

在管线敷设阶段应注意线路要按规定穿管保护，有水房间应走墙面或在吊顶内敷设。吊顶和墙面按施工图及灯具尺寸预留灯具孔洞、灯具凹槽和照明所需电源线等。

3. 照明调试阶段

灯具安装完成后需要对灯具出光角度进行调试，以达到更好的照明效果。若有智能化系统也要进行调试，并及时调整优化控制状况。照明调试也能保证项目交付给业主后再无后顾之忧。

（1）开关调试：开关控制是否有序无错位，应切断相连，同一场所的开关位置应一致且操作灵活，接点接触可靠，灯具的相线应经开关调试。

（2）插座调试：插座与导线应紧密连接；接地线必须无串联连接；三相四孔及三相五孔插座的三相接线的相序应一致。

（3）灯具调试：灯具是否能正常发光，灯具调试发光方向，是否与设计相符；双控或三控的照明系统（线路、开关、灯具）是否正常；可调节角度的灯具是否转动正常；灯具接线是否正确，相线应经由开关控制后再接到灯头；接地线的灯具是否可靠接地，避免因接地线漏接而造成金属灯具漏电。

第5章

照明设计要点解析

5.1 玄关

1.概述

玄关是进入住宅的第一道风景，也是访客看到的第一印象。玄关的重要性不容置疑，如何通过照明设计使玄关的功能性和美观性同时得到保障，是值得考虑的。可参考以下建议：进门如果有镂空柜子可以在柜中或柜下镂空处设置感应灯，避免进门时的黑暗，减少碰撞风险。玄关的照明设计需注意鞋柜、装饰柜、壁挂等处的照明。玄关空间设计时既要考虑基础照明，也需要注意光影的艺术照明效果（图5-1、图5-2）。

2.分析

玄关天花板选择合适的嵌入式灯具为空间提供基础照明，柜体下方镂空设置感应灯提供重点照明，减少碰撞风险的同时突出空间内的装饰物，墙壁的壁画也可设置嵌入式筒灯提供重点照明，增强空间氛围感与层次感。若玄关空间较大，可增加基础照明的灯具，以满足照度需求。

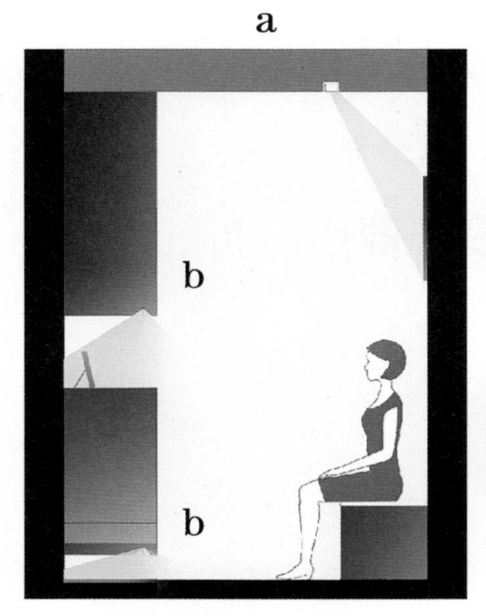

图5-1　玄关照明示意图

（a）嵌入式可调筒灯

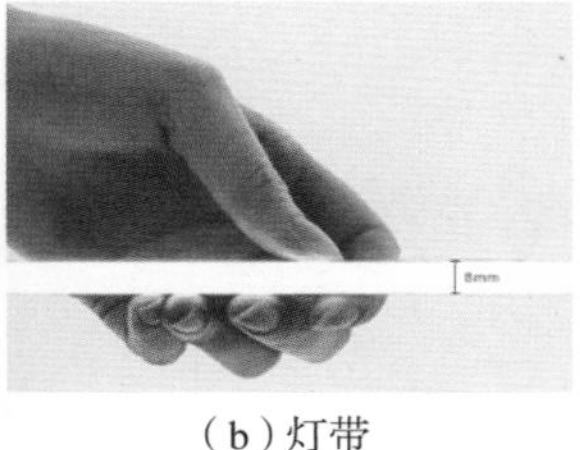

（b）灯带

图5-2　玄关照明示意图涉及的灯具

（1）艺术品照明

玄关常常会展示一些艺术品和装饰品，需要特定的灯光进行质感的表现。宜选用体积小巧、光斑过渡均匀、显色性好的灯具。例如：用显色性好的灯具照射壁画会使其更加艳丽；用小巧的灯具则容易与装饰造型相协调，以达到隐藏的效果（图5-3）。

（2）玄关柜照明

玄关柜悬空的部分，若感觉光线受到遮挡，可设灯带补充照明（图5-4、图5-5）。玄关镜也可设置灯带，让光线垂直投向脸部，避免脸部阴影和色差。

（3）照明控制

玄关处可根据需要设置相应的场景控制模式。未设置场景控

图5-3 玄关照明效果

图5-4 玄关柜照明效果

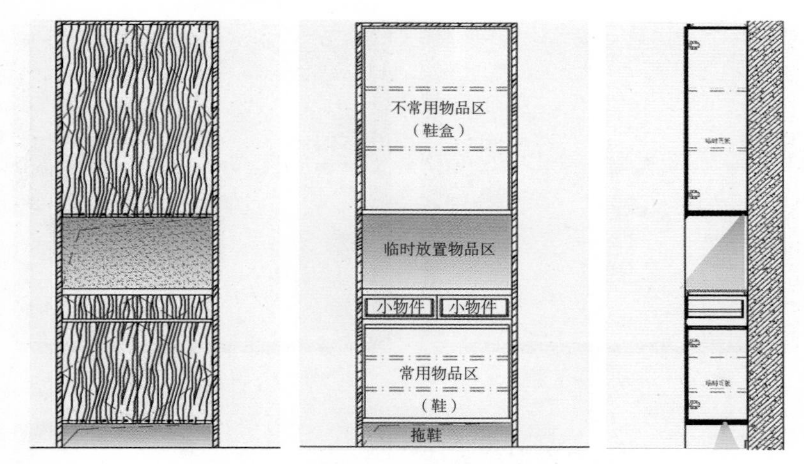

图5-5 玄关柜照明示意图

制模式的住宅，可在玄关处安装能关闭所有灯具的总开关面板。

5.2 厨房

1. 概述

厨房灯具可依据业主喜好选择面板灯或嵌入式可调角筒灯。面板灯的好处是可以均匀地将空间照亮，可依据厨房大小及集成吊顶尺寸选择不同规格的面板灯。嵌入式筒灯多布置在洗菜盆上方，储物柜前方，常涉及较多灯具参数与被照物间关系，更容易创造舒适的光环境，但造价偏高。

需要注意的是：操作台上方多为储物柜，建议增加灯带，可避免在工作台面上出现阴影，灶台上方抽油烟机自带灯光供灶台照明。若厨房为开敞式，灯具的色温与样式需结合整体空间考虑（图5-6～图5-8）。

图5-6　厨房照明示意图一

图5-7　厨房照明示意图二

（a）嵌入式可调筒灯

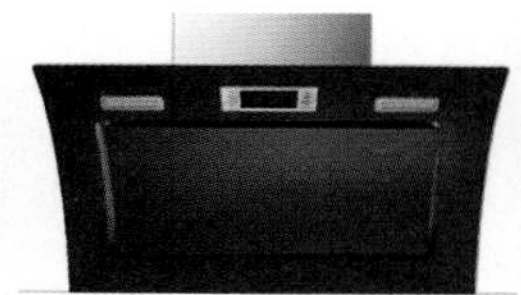

（b）抽油烟机自带灯具

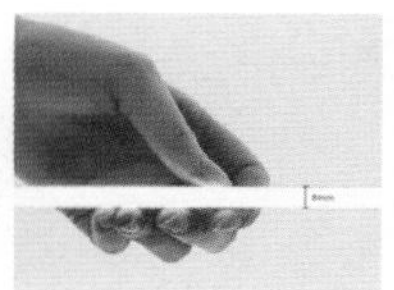

（c）灯带

（d）面板灯

图5-8　厨房照明示意图涉及的几款灯具

2.分析

布灯一：灯具布置简单，造价低，氛围单一（图5-6）。

布灯二：灯具布置复杂，造价高，氛围好（图5-7）。

第一种布置灯具常见，不做进一步说明。我们来聊一聊布灯二的设计需要注意的地方。测试软件模拟出来的照明效果如图5-9～图5-11所示，可以看出洗菜盆与操作台是相对明亮的，同时由于吊柜底部安装灯具也避免了顶部光线打在头顶出现阴影，可以减少阴影对做饭的影响。

图5-9 厨房布灯照明效果一

图5-10 厨房布灯照明效果二

图5-11 厨房模拟灯光分析图

3. 重点

操作台的照明要注意其投光的方向，不要只在厨房中央安装单独一个照明光源，为了厨房照明更完善，应该在厨房中安装一个由不同的灯具组成的多层次的照明系统。可以在最上层厨柜底部或切菜案上方安装线性或宽光束下照式灯具，减少在工作台操作时产生的阴影（图5-12）。同时灯具的显色性会直接影响对食材的判断，应选用显色性好的灯具（图5-13）。

图5-12　厨房操作台照明图

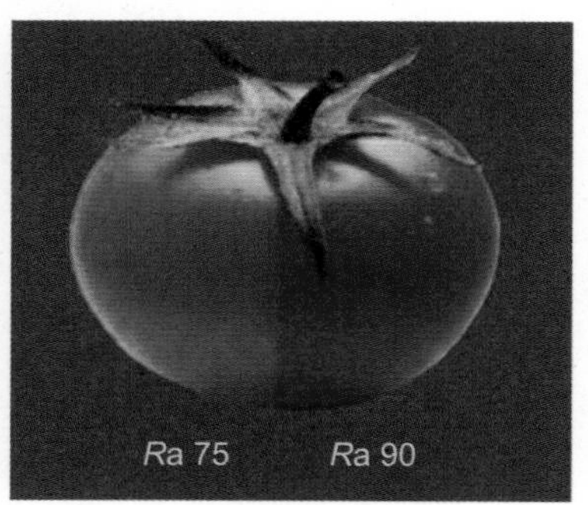

图5-13　显色性效果对比图

西式的开放式厨房常设立中央岛区，与餐厅或客厅连接为一个大空间。开放式厨房一般更加重视空间设计感及视觉感受，灯光应考虑操作台所需的各项功能照明。

5.3 餐厅

1. 概述

餐厅照明应能够起到刺激人的食欲的作用。在空间比较大、人比较多时，设计照度高一些会增加热烈气氛；空间小、人又少时，设计照度可低一些，营造一种优雅、浪漫的氛围。

运用灯光模拟软件来模拟一个混合照明的餐厅空间，桌面重点照明，展柜与装饰画位置布置小射灯，下层展柜内部每层隔板布置灯带，天花板布置一圈灯带，增加用餐的氛围感（图5-14）。

图5-14 餐厅模拟灯光分析图

餐厅照明的常规布灯方式见图5-15。

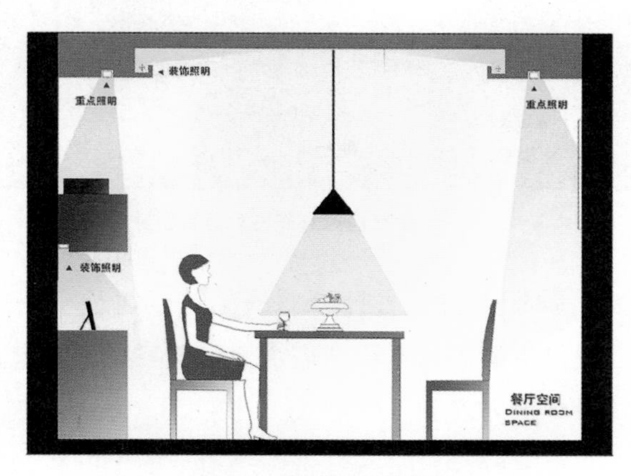

图5-15 餐厅照明示意图

2.分析

餐厅天花板选择适合整体空间风格的吊灯提供基础照明，吊顶处增加暗藏灯带起装饰照明的效果，同时内嵌式射灯提供重点照明，突出空间内的装饰物，增强空间氛围感。左侧柜体下方镂空处设置感应灯，照射台面上的装饰物，既可以起到装饰性作用，又可以减少碰撞风险，增强安全性。

布灯一：餐厅天花板选择适合整体空间风格的吊灯提供基础照明，两侧吊顶处增加嵌入式筒射灯提供重点照明，丰富空间层次感，增强空间的照度。左侧柜体下方镂空处设置暗藏灯带，照射台面上的装饰物，起到照明镂空柜内物体的作用，同时增强空间内的装饰性（图5-16）。

图5-16　餐厅模拟灯光设置分析图一

布灯二：餐厅天花板去掉原有的吊灯，通过空间内的射灯向下投射，提供空间的基本照度需求。由于餐桌所需求的照度较高，所以在餐桌上方安装了内嵌式天花射灯，补充重点照明，在左侧柜体下方镂空处设置暗藏灯带，照射台面上的装饰物，起到照明镂空柜内物体的作用，同时增强空间内的装饰性（图5-17）。

布灯三：餐厅天花板去掉原有的吊灯，通过空间内的射灯向下投射，提供空间的基本照度需求，采用组合照明方式在餐桌上方安装内嵌式天花射灯，补充重点照明。左侧采用线性洗墙

图5-17　餐厅模拟灯光设置分析图二

灯，会让光的投射效果更加均匀。左侧柜体下方镂空处设置暗藏灯带，照射台面上的装饰物（图5-18）。

图5-18　餐厅模拟灯光设置分析图三

3.重点

国外的餐厅设计为了追求安静，常使灯光暗些；而我国在烹饪艺术方面更加讲究色香味俱全，往往要求照度更高一些（图5-19）。

图 5-19　餐厅照明效果图

（1）餐桌照明

餐桌的照明设计需要考虑具体使用的功能性，要达到引人入胜、增进食欲的效果，需要考虑照度适宜的灯具，一般选用嵌入式筒射灯或与整体室内空间相搭配的吊灯，内置显色指数不小于90的光源。

光源照射的角度最好不超过餐桌的范围，防止光线直射眼睛。对于吊灯，要注意吊灯的款式及安装高度，吊灯底部距桌面不宜小于1000mm。吊灯与吊顶射灯照射方向容易冲突，应避免在桌面上产生阴影或阻碍人的视线。

（2）墙面照明

餐厅空间的墙面一般会设置艺术品挂画，或者艺术壁龛来增加其氛围。对此，在照明设计上可考虑局部照明，可选用照度低一些的LED筒射灯，烘托就餐氛围。

5.4 客厅

1.概述

会客和家人团聚等均集中在客厅，有些没有专门书房的经济户型还需要在客厅内读书，因此可以说客厅是住宅套内的主要活动场所。它的功能决定了这里不但需要高质量的照明，而且还得兼顾美观及控制的灵活性。客厅照明的手法要适应环境亮度和气氛的变化，选用不同的光源并使它们得到合理的组合，营造出一种优雅、大方、经典的空间照明效果。

运用灯光模拟软件来模拟客厅空间，天花凹槽一圈灯带为空间提供氛围照明，筒射灯为茶几、小桌面、沙发墙的壁画提供重点照明，为空间增加了重点照明的效果，电视柜每层隔板处安装灯带方便查找物品，顶面、立面和地面均有照明，使得空间的层次感很丰富（图5-20）。

图5-20 客厅模拟灯光分析图

2.分析

客厅天花板选择适合整体空间风格的吊灯提供基础照明

(图5-21)。层高低的户型不建议采用吊灯，可采用高度低的明装灯具或嵌入式可调筒灯。

图5-21 客厅照明效果图

客厅照明的常规布灯方式见图5-22、图5-23。

图5-22 客厅收纳区照明示意图

图 5-23　客厅照明效果图

3. 重点

客厅的功能多样，根据不同的要求可设置以下几种照明场景，并安装独立的场景控制面板。

（1）会客模式

亲朋好友相聚一堂，照度以看清客人面部表情为宜，这时将灯具全部打开，让客人尽得一片亮丽与温馨（图 5-24）。

图 5-24　客厅照明示意图一

（2）观影模式

看电视、听音乐时需要较低照度，以暗淡柔和的效果为佳，看电视时需要适当的背景照度，仅开启天花灯带即可（图5-25）。

图5-25　客厅照明示意图二

（3）休闲模式

休闲模式下装饰性灯及桌面重点照明灯开启，吊灯关闭（图5-26）。

图5-26　客厅照明示意图三

5.5 主卧室

1.概述

卧室灯光要有温馨感，空间的私密性与功能性决定了照明的氛围。劳累了一天后的疲惫身心在柔和光线的呵护下得到放松，这时更需要温馨、宁静、柔和的环境。照明要避免眩光，可采用多种照明方式以满足不同的照明需要，营造出一种雅致的气氛。卧室可根据需要设置照明场景控制，开关可设在进门处及靠床两侧的墙面上。

图5-27　卧室模拟灯光分析图

运用灯光模拟软件来模拟效果，顶部天花灯带提供空间环境照明，床头柜上方设计有小吊灯，为住户日常阅读提供了方便。床头在靠近地面的位置设计有起夜灯，方便夜晚起夜（图5-27）。

2.分析

客厅天花板吊顶处增加了暗藏灯带起装饰照明的效果，同时嵌入式筒灯提供重点照明，突出空间内装饰物，增强空间氛围感。床两侧柜子上布置床头灯，起功能性照明作用，同时美化居室。

3.重点

（1）床头照明

床头照明的方式有很多种，比较常见的是在床头天花板安装灯具，或在床头柜放置台灯或壁灯，这些都可以满足功能照明的需要（图5-28）。在床头天花板吊顶处安装灯具需注意灯具眩光问题，一般灯具会调光到壁画上，这样既能满足装饰画的突出效果，也可以避免人眼视线直接看到灯具的光源。一般床头吊顶上的两个灯具是单独控制的，这样可以避免使用过程中影响到别人。床头灯也充当着夜间起夜的照明作用，一般会将床头柜处的灯具打开，或专门设置小夜灯。

（2）衣柜照明

衣柜照明常采用内发光的方式，与柜门联动起来。

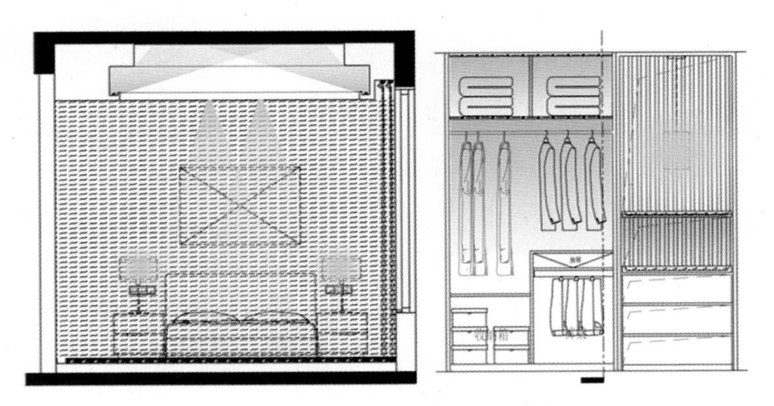

图5-28　床头照明、衣柜照明示意图

(3)梳妆照明

女士在镜子前面进行梳妆时也需要较强的功能照明。梳妆台可设置镜前灯，光源显色指数应高于90，照度不低于500lx。

此外卧室也会相对设置一些必要的场景，针对不同的场景设计出不同的光环境，可参考图5-29。

(a)全亮模式

(b)起夜模式　　(c)阅读模式

图5-29　卧室照明示意图

卧室主要考虑休息，对阅读、梳妆、试衣等功能也应兼顾考虑(图5-30、图5-31)。

图 5-30　卧室照明效果图一

图 5-31　卧室照明效果图二

5.6 次卧室（儿童房、老人房）

1.儿童房概述

儿童房灯光必须考虑的三大因素：安全性、视力保护、睡眠质量。对于学龄前的孩子，好动、到处攀爬，保护自己的意识淡薄，需要整体空间均匀提亮，提高照明的安全性；对于处在学习期的孩子，可以引导其在固定地方做固定事情的意识，将空间根据需要设计成不均匀的效果，引导、培养、巩固习惯的形成。

灯具要求材质健康环保，灯光柔和，发光自然、明亮，对孩子视力没有伤害。如果空间照度太低，光线效果就会很暗淡，会引起视疲劳，时间长了还会导致近视。相反，如果空间照度太高，明暗对比过强，也会感到不舒服。

2.儿童房重点

（1）安全性

吊灯底边距离地面应在2.2m以上，避免灯光直射，光线不可太亮，以柔和为主。书桌台灯应选护眼台灯，桌面照度应在300～500lx范围，光源距离作业面0.5m左右。孩子能够触碰到的灯具需加外壳防护，防止烫伤。儿童房开关安装一定要带保护盖或使用自带防护门的开关插座，防止儿童用金属物品插入开关内部导致触电，安全第一。儿童房的开关应该安装在孩子触手可及的地方，便于孩子夜晚开关灯。

（2）保护视力

儿童房布局灯具的前提是灯光不要直射儿童的眼睛，孩子正处于视力发育阶段，眼睛比较脆弱，过于明亮的光线或者是过于昏暗的灯光，都会损害眼球的发育，影响视力。所以，儿童房灯具的色温、灯光亮度十分讲究。通常来说，儿童房的灯光布局应该以主灯为基础，氛围灯、功能灯为辅助布置。主灯的色温控在3000K以内，既能满足孩子的照明需要，也不会太刺眼。孩子做作业、看书时，台灯、主灯都应该亮起，台灯的色温一般在3500～4000K较合适。台灯光源的光生物危害风险级别（即蓝光危害等级）为RG0，同时应控制光源的频闪指标（频闪效应指数SVM不大于1.6）。床头正上方不宜设置灯具，无论是主灯还是落地灯、壁灯、射灯，都不宜放置在床头正上方。

（3）睡眠质量

选择可调节灯具，最好选择能调节明暗、角度的灯具，夜晚把光线调暗一些，增加孩子的安全感，帮助孩子尽快入睡。孩子入睡后，一定要把灯关掉（可选用调光灯，让灯光渐渐变暗直至关掉。这样有助于孩子的睡眠质量提升，快速进入深度睡眠），因为孩子在灯下睡觉，视力会受到损害，患近视的概率要比在黑暗中入睡的孩子高得多。

在儿童房的照明设计中，灯罩选择浅色最宜，而且最好选择能遮住灯泡的，这是为了避免让孩子触摸到灯泡（图5-32）。

3.老人房概述

由于老人的器官与感官均有退化，老人卧室的卧室照度需相对提高（图5-33）。重要位置添加夜灯，照度可在10lx以下，方便夜间照明。卫生间的照明开关设置在方便使用的位置，建议放在卫生间门外侧。

图5-32　儿童房照明效果图

图5-33　老人卧室照明效果图

4.老人房重点

（1）空间照度相对较高。

（2）灯具控制方式以简单操作为主。

（3）夜间起夜灯具必不可少。

5.7 书房

1.概述

书房是住宅空间中读书写字的空间，也是陶冶情操、修身养性的地方。在家居内设立独立或兼用的书房是当前“文化装潢”的新潮流。

2.分析

书桌为书房的重要区域，需要保证桌面达到一定照度，以满足学习与工作的需要，必要时可设置台灯搭配使用；书柜起到收纳与装饰的作用，其重要性也不应忽视（图5-34）。

图5-34　书房照明示意图

3.重点

(1) 在天花板设置灯具照亮书架，依据书架宽度合理布置灯具数量，灯具距离书架边缘达到500mm效果较好。

(2) 空间较小，可将照亮书柜灯具与基础照明灯具结合，也可达到空间照明的需求；

(3) 书柜单独做照明处理，建议根据书柜实际使用情况（陈列物品）布置灯具，书籍的照明建议在上层隔板底部（外边缘）增加凹槽隐藏灯具，可有效避免眩光，同时方便查找书籍。书柜单独照明处理既满足功能照明需要，也可起到一定的装饰效果。

5.8 卫生间

1.概述

卫生间照明设计，除基本照明外，还需注意洗手台处灯光的布置，一般会布置镜前灯与起夜灯（图5-35）。另外因卫生间水汽较重，灯具防水防尘的IP等级相对也要高一些。同时要减少主要通道上的地面阴影，避免因视觉影响而滑倒、摔倒。为安全起见，卫生间灯具及浴霸的开关设于门外更好。

2.分析

卫生间因水汽较重，一般选用IP 44防尘防水型灯具，IP等级越高防尘防水效果越好。除基础照明外，需要重点注意的是洗手台处灯光的设计，应考虑到化妆与起夜的需要。目前大部分镜子都会带有灯具，用于面部补光，带灯具的镜子效果会更好。

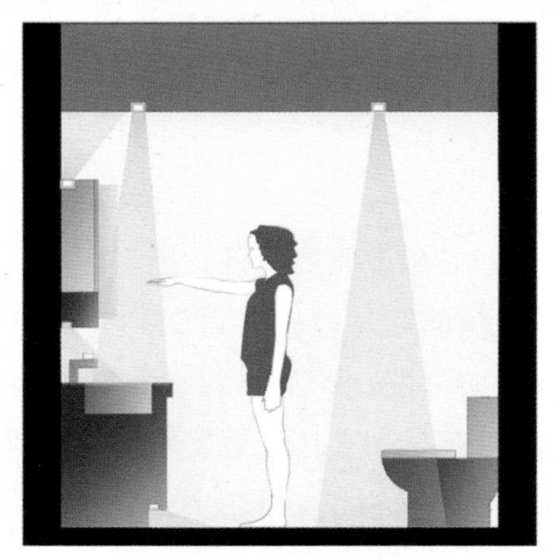

图5-35　卫生间模拟灯光分析图

3.重点

(1)洗手台照明

一般在洗手台上方布置小功率与小角度的嵌入式筒灯，此处灯具与带灯光的化妆镜有异曲同工的作用。需要注意灯具发光角度的选择(建议发光角度15°)，如图5-36所示。

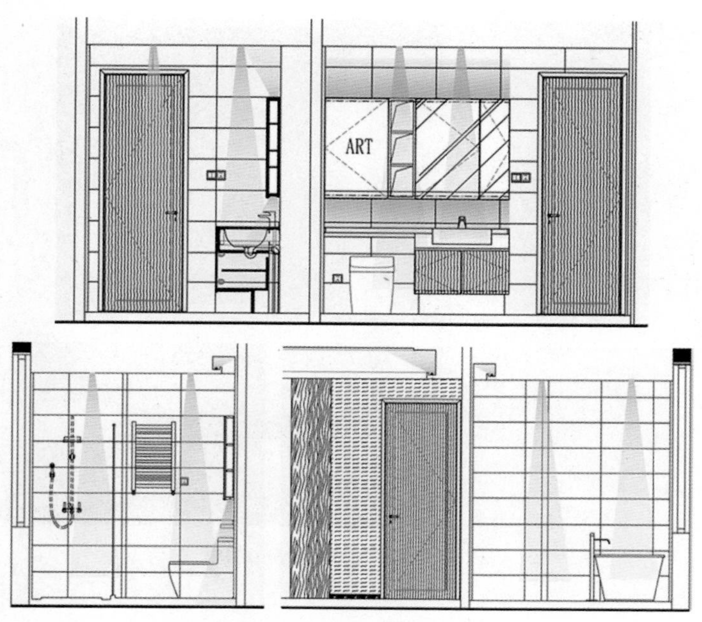

图5-36　卫生间照明示意图

（2）镜前灯

镜前灯的配置会影响主人/客人的正常使用，应注意光源显色性（图5-37）。

（3）洁具的照明

此处的照明可让洁具保持干净的感觉。注意应避免眩光的产生。镜前增加照明，光源均匀打到脸上，不会出现阴影的情况。镜柜下方放置洗浴用品的地方可以增设辅助灯带。入厕时有阅读习惯的可以在坐便器上方设置射灯。

（4）安全性

卫生间宜采用防潮易清洁的灯具，洗浴区域的灯具防护等级不应低于IP44。

图 5-37　镜前灯安装照明效果图

5.9 步入式衣帽间、阳台、过道

1. 概述

住宅空间中除了客厅、卧室、书房、厨房、餐厅等主要空间，还有阳台、过道、步入式衣帽间等空间，将整体关联起来，形成主次分明的功能分区。

过道一般与客厅、卧室、玄关等相连，在照明设计上需要考虑连贯性，具有展示功能的长廊则需要注意艺术性氛围的烘托。阳台在照明设计上必须要考虑其安全性、防水性。随着现代生活的提高，步入式衣帽间也是住宅空间中必不可少的一部分，一般面积较大的户型会单独设置步入式衣帽间，面积适中的户型也会在主卧内设置一个小型的衣帽间，在衣帽间的照明设计上，需要使用显色性较高的灯具，减小失真。

2.重点

（1）步入式衣帽间照明

衣帽间在照明设计上除了选择显色性较好的灯具外，还要根据衣帽间的布局增加照明，在使用时可以更加方便地找衣物（图5-38）。

图5-38　步入式衣帽间照明效果图

（2）阳台照明

阳台是室内空间向外的延伸，一方面可做生活阳台，在照明设计上需要重视灯具的安全性和使用寿命（半室外阳台灯具IP等级≥54，一般选用IP65），若侧面做盥洗、洗衣功能时，则需要在墙面使用LED灯或顶面设置筒灯的做法，增加照明，减少阴影面积；另一方面，阳台也可作为休闲娱乐使用，这时对于照明的设计则需要考虑其艺术性，可以选用可调控的LED灯来增加使用需求（图5-39）。

（3）过道照明

过道是室内贯穿各房间或空间的纽带，可结合天花板造型与墙壁挂画或摆件等装饰元素综合进行设计（图5-40）。

图5-39　阳台照明效果图

图5-40　过道照明效果图

5.10 其他空间

户型较大的住宅空间中还会设置储藏室、影音室、健身区、保姆间、楼梯间、电梯间等，在照明设计上需要满足其基本的使用功能，在此基础上可以增加艺术性的照明处理。例如楼梯间根据其装饰材质特点，可设置洗墙灯或LED线性灯，突出其特点（图5-41、图5-42）。储藏间的照明要结合具体使用功能进行设计，例如储藏一些酒类或艺术品时，需要使用特殊处理后的光源，减少紫外线对藏品的影响（图5-43）。

图5-41　电梯间照明效果图

图5-42　楼梯间照明效果图

图 5-43　储藏室照明效果图

第6章

精彩案例赏析

6.1 案例一

中式院落别墅小区——南京万科安品园舍·小园。该项目地上二层、地下二层，建筑面积420m^2。

设计思路：构建一个以院子为核心的舒适、温和、有生命力的居所。室内设计师和照明设计师通力协作，将更多的自然光引入室内，模糊了建筑室内外、人与自然的边界。

为配合照明设计，室内装修施工前期根据设计选型制作了吊灯模型，检验灯具的造型及尺寸与室内空间的协调性；后期配合照明设计师对灯具的亮度、色温、角度等参数一一调校，最终让照明设计完美落地（图6-1～图6-7）。

室内设计：深圳市再选文化发展有限公司（LSD Interior Design）

家具品牌：意大利ARMANI

图片来源：苏州金螳螂建筑装饰股份有限公司

图 6-1　客厅照明效果图

图 6-2　手工室/画室照明效果图

图 6-3　视听娱乐室照明效果图

图6-4 家庭起居室照明效果图

图6-5 餐厅照明效果图

图6-6 老人卧室照明效果图

图6-7 主卧卫生间照明效果图

6.2 案例二

青岛万科翡翠长江是由Hirsch Bedner Associates Design Consultants（HBA）设计公司（以下简称“HBA设计公司”）设计的住宅项目，设计融合了居家设计和酒店设计的方式，致力于打造具有现代特色和文化内涵的现代居家空间。

在厨房、客厅和餐厅的设计上，设计师突出其社交空间的理念，打破了空间之间原有的固定式隔墙隔断的做法，使得整个区域可以成为家人、好友交流和畅谈的社交场所。客厅、餐厅与厨房之间利用多轨移门，可以实现空间的打开及闭合。

照明设计手法既简单又高超。整个居室空间无任何眩光，吊顶除了个别吊灯，主要以筒射灯及暗藏灯为主，辅助以墙地面的壁灯、落地灯加以点缀，烘托出温馨、舒适、淡雅的居家氛围（图6-8～图6-16）。

目标人群：年轻的成功人士，拥有稳定职业，追求时尚生活。

设计关键词：时尚、简约、艺术、享受。

室内设计：HBA设计公司

图片来源：HBA设计公司

图6-8　玄关、过道照明效果图

图6-9　客厅、餐厅照明效果图一

图6-10　客厅、餐厅照明效果图二

图6-11　客厅、餐厅局部照明效果图

图6-12　餐厅、厨房照明效果图

图6-13　卧室照明效果图

图6-14 儿童卧室照明效果图

图6-15 衣帽间照明效果图（隔断打开和隔断关闭时）

图6-16 卫生间照明效果图

6.3 案例三

邯郸阳光东尚项目，包括两种户型，分别是轻奢中式和现代简约风格。

“新中式+轻奢”风格，内敛而细腻，理智而从容，沉稳而淡然。整个空间既传承了中式古风特性，又展现了一定的现代都市气息。

新中式的温润能够恰到好处地化解轻奢的疏离感，品质与气度的结合，洋溢着浓厚的新东方主义气质。视觉上，色彩搭配偏向素雅清新，比如白、灰、深棕色等，只以少量亮色作为点缀，使得整个空间看起来更加清爽通透。

幸福舒适的生活在于删繁就简。设计师摒弃了繁复的吊顶，改成五筒射灯，沙发去除繁琐的复杂线条，保留其神，用现代材质及工艺来演绎现代中国风（图6-17～图6-22）。

图6-17　轻奢中式户型—客厅照明效果图

图 6-18　轻奢中式户型—餐厅照明效果图

图 6-19　轻奢中式户型—书房照明效果图

图 6-20　轻奢中式户型—主卧室照明效果图

图6-21 轻奢中式户型—客厅局部照明效果图

图6-22 轻奢中式户型—玄关、卧室局部照明效果图

现代简约风格体现的是一种生活态度，颇受年轻人的喜爱，将设计的元素、色彩、线条简化到最少的程度，在材料的品质感和光影的变化上有很高的要求。

客厅主色调以大面积米白色为主，显得舒适自然，窗外满眼的绿意扑入，生机勃勃、春意盎然。每一种材质都有着自己特有的肌理、色彩和节奏，在灯光的烘托下，室内空间潜藏着时代的动感（图6-23～图6-25）。

室内设计：苏州金螳螂建筑装饰股份有限公司

图片来源：苏州金螳螂建筑装饰股份有限公司

图6-23　现代简约户型—玄关、走道照明效果图

图 6-24　现代简约户型—客厅照明效果图

图 6-25　现代简约户型—书房照明效果图

第7章

住宅照明热点问题

7.1 眩光防控

眩光是由于视野中亮度分布或亮度范围的不适宜，或存在极端的对比，以致引起不舒适感觉或降低观察细部或目标的能力的视觉现象。常见的眩光有直接眩光、反射眩光，直接眩光是由灯具、灯泡、窗户等高亮度光源直接引起的；反射眩光是由高反射系数表面（如镜面、光泽金属表面或其他表面）反射光线造成的，视觉对象的镜面反射，使视觉对象的对比降低，以致部分或全部难以看清细部。

《建筑照明设计标准》GB 50034—2013中对于直接型灯具的遮光角规定见表7-1。

直接型灯具的遮光角 **表7-1**

光源平均亮度（kcd/m^2）	遮光角（°）
1～20	10
20～50	15

续表

光源平均亮度（kcd/m^2）	遮光角（°）
50～500	20
≥500	30

防止或减少眩光的措施：

（1）利用建筑装饰构造隐藏灯具；

（2）灯具与光面材质保持一定距离，以减轻镜面反射现象；

（3）选用深藏光源，或增加物理防眩光配件（防眩网）。

7.2 光污染防控

光污染更多是针对室外的夜间环境，倡导通过良好品质的户外照明，保护夜间环境和我们赖以生存的黑色天空。室内的光污染可理解为由灯光导致的不利于室内光环境舒适感的各种因素。家庭装修中普遍采用的各种装饰材料、家庭用灯、电视等都有可能是造成光污染的污染源。室内光污染的来源主要可概括为三个方面：

（1）室内装修采用镜面、釉面砖墙、磨光大理石以及各种涂料等装饰反射光线。

（2）室内灯光配置设计得不合理性，致使室内光线过亮或过暗。

（3）夜间室外照明，特别是建筑物的泛光照明产生的干扰光，有的直射到人的眼睛造成眩光，有的通过窗户照射到室内，造成房间过亮，影响人们的正常生活。

上述原因导致室内产生了令人不舒服的光，影响了人们的视觉环境，并进而威胁人们的健康生活和工作效率。减少光污染是刻不容缓的一件事，结合现在的技术手段，主要可以从以下几点入手：

（1）注重合理的住宅空间布光设计。照明设计时应避免过高的明暗对比。

（2）控制光，如选择深藏防眩灯具，与装修构造相结合，更多采用间接照明的手法。

（3）选择优质灯具，提高对灯具溢光的要求。

7.3 照明与节能

推荐使用高效节能的LED光源，在相同照度和色温的前提下，可以大幅度降低光源的能耗比。

自然光在节能中起着重要作用，可充分利用窗户、阳台、顶棚的自然采光，采用电动遮阳控制技术，实现对自然光的有效利用。

采用智能控制技术对空间进行高效控制。例如同一空间内装饰性灯具、功能性灯具、临窗灯具等分开控制；根据不同时间对照度的需要调整灯具的明亮程度；根据空间的需要，布置不同场景。

7.4 功率与亮度

为什么同样功率的灯具，亮度却不相同？

导致相同功率亮度不同的因素有很多。内因是光源与灯具本身，外因如灯具配件与安装位置等。

亮度根源在光源本身的光通量，不同厂家的芯片在相同的灯具参数下，光源本身光通量大，则灯具的发光效率越高，灯具也就越亮。

光源芯片相同但灯具上添加的配件增多，发光效率则会相对减少，光源通过灯具发出的光通量会在通过时被配件阻挡，降低灯具的发光效率；灯具角度大的比灯具角度小的在空间中照亮的范围大，这是因为角度大的光源通过灯具后的光通量比角度小的光源通过灯具后的光通量多。

7.5 智能灯具

智能灯具可以实现明暗与色温的变化，但是消费者家里已经安装好的普通灯具是否可以改为智能控制？灯具的智能化是通过智能模块实现的，在普通的灯具上增加智能模块也可以实现灯具的明暗变化，但是不能实现灯具的色温变化。

目前市场上灯具的冷暖变色是通过混光实现的，首先要有一个发冷色温的光源与一个发暖色温的光源，通过调节它们的不同亮度来实现不同的色温，也就是说，灯具如果只有一个冷色光源或只有一个暖色光源，是不能调节色温的。

第8章

照明设计趋势

8.1 个性化

随着消费者对照明的需求及灯具市场的扩大，个性化灯具的创新、住宅照明设计的个性化发展也成为大势所趋。照明可以影响人的情绪、工作效率等，正如2018年中国照明论坛中提到将个人喜好、情绪影响、任务影响、社交影响列入照明个性化的考虑因素，所以，照明发展更加考虑“人”的照明，更加具体、个性化地发展。例如在客厅这种具备娱乐或会客接待功能的空间，可以通过选择可调光的灯具来控制光源的色温，显示不同颜色的灯光，从而调节整体空间的照明氛围，实现情景控制，满足个性化需求。

8.2 集成化

照明的集成化已逐步成为照明产业的发展趋势，一方面，对于灯具的供货方即灯具生产厂商来说，照明产品的集成化可以通过模块化的设计和生产，减少复杂的生产步骤，而最主要的是可以大规模生产，提高效率和规模。另一方面，对于需求者即消费者来说，集成化的照明产品更加便于安装及使用，而且在灯具的后期维护上可以降低维修成本。

住宅照明集成化一方面表现在灯具与家具的集成化，很多家具厂商在一些定制的厨柜或家具中，已经将灯具提前布置安装进去，例如在衣柜成品设计中，常会在柜体中设置LED感应灯条，打开衣柜时柜体即亮（图8-1）。

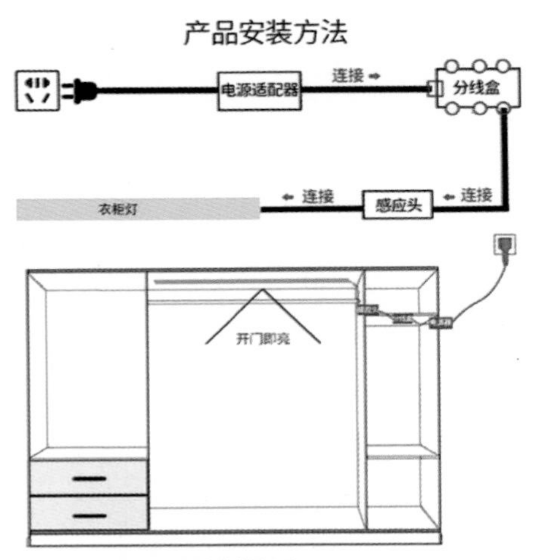

图8-1　照明感应衣柜的工作原理

另一方面表现在灯具自身的集成化设计，灯具的模块化、集成化设计，也为住宅的室内照明设计增加了更多的可能性，例如最近几年应用较广的磁吸灯，其灯体易拆装，可以随时移动布置，而且外观也更加简约。磁吸灯包含磁吸筒灯、磁吸射灯、磁吸吊灯、线灯等，与不同风格的空间设计匹配度高，可以适应多种功能空间（图8-2）。

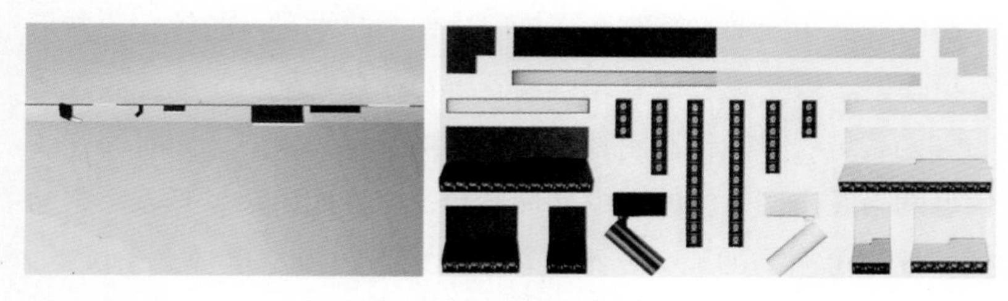

图8-2　各种形式的磁吸灯

磁吸灯满足智能化需求，可以与第三方灯光控制软件相连接。

8.3 智能化

住宅环境对人们的生活来说意义重大，现代家居设计随着诸如计算机技术、信息控制技术 、通信技术等科学技术的发展，在融合了信息和建筑艺术的基础上，对住宅照明的智能化有了新的认识，二者相互促进使现代家居智能化飞速发展。此时，消费者不再满足于传统家居设计中仅仅考虑的舒适型家居，而是对环境提出更高科技、更智能的需求，灯光照明在家居设计中是尤为重要的环节，通过照明可以改善居住环境的舒适度，同时也使家庭成员能够更好地完成工作和享受生活。住宅照明智能化，区别于传统家居设计中的照明系统，其所具备的智能照明技术使得资源得到更好地利用和管理，信息化的技术手段也使得家居照明更加人性化，且易于控制。

相比较于传统照明中的手动或声控控制照明灯光的设计，住宅照明智能系统通过控制计算机网络作为技术平台的核心，并采取模块式、数字化、信息化以及分布式的总线架构，能够实现照明灯光系统的智能化控制管理，通过网络总线来搭建实时交互的信息网络并连接系统的中央处理器和各个功能模块，具有一定的延伸性和可拓展功能，在不重新设置或敷设电路电缆的条件下，通过计算机软件编程来实现新功能的构建。

目前一些智能控制厂家开发的产品，可以做到用手机或IPAD来直接控制住宅照明灯具的开启。通过控制软件或增加智能模块，还可以控制家用电器的开关及调节（包括家用电器里的照明）。

现代住宅智能照明的具体表现有：利用多点控制和集中控制智能化的方法来突显控制的灵活性；将智能控制技术和目前在节能和高效照明方面有出色表现的LED技术相结合，在智能灯光系统中运用LED节能可控的属性同时设置照度值，通过照度值自控方式调节灯光的强弱；在节省资源方面还可以设置定时控制，通过控制时间节点对灯光进行调整来节约用电。

8.4 自然光的利用

自然光指阳光、天空光、月光等非人工照明的光，通常指良好的天空光。

自然光不仅节能，而且对人体健康很有好处。在装修设计及照明设计时应尽可能多利用自然光或结合自然光来给住宅提供光线。

室内装修不应妨碍原建筑窗户的自然采光，如果能扩大采光面积则更好。有条件的住宅，可利用导光管和反光装置将自然光引入无窗房间或地下室，并结合人工照明来综合排布及控制房间里的所有灯具。

附录　住宅建筑照明标准值参考对照表

《建筑照明设计标准》GB 50034—2013规定的住宅建筑照明标准值　表1

房间或场所		参考平面及其高度	照度标准值（lx）	显色指数 R_a
起居室	一般活动	0.75m水平面	100	80
	书写、阅读		300*	
卧室	一般活动	0.75m水平面	75	80
	床头、阅读		150*	
老年人起居室	一般活动	0.75m水平面	200	80
	书写、阅读		500*	
老年人卧室	一般活动	0.75m水平面	150	80
	床头、阅读		300*	
餐厅		0.75m餐桌面	150	80
厨房	一般活动	0.75m水平面	100	80
	操作台	台面	150*	
卫生间		0.75m水平面	100	80
电梯前厅		地面	75	60
走道、楼梯间		地面	50	60
车库		地面	30	60

注：1. * 指混合照明照度。

2.《建筑照明设计标准》GB 50034—2013为国家标准，也是强制性标准，表中所列数值为住宅建筑照明设计时应满足的最低标准。

《建筑装饰装修室内空间照明设计应用标准》

T/ CBDA 49—2021 建议的住宅建筑照明标准值　　表 2

空间名称		参考平面及高度	照度标准值（lx）	色温（K）	统一眩光值 UGR	照度均匀度 U_0
玄关		地面	150	3000～4000	—	—
客厅	一般活动	地面	150	3000～4000	—	—
	书写、阅读	地面	300		—	—
餐厅		台面	400	3000～4000	—	—
		地面	150		—	—
厨房	一般活动	地面	300	3000～4000	—	—
	操作台	台面	500		—	—
书房		地面	150	3000～4000	19	—
		书桌台面	500			—
一般卧室	一般活动	地面	100	3000～4000	19	—
	床头、阅读	桌面	300			—
老年人卧室	一般活动	地面	200	3000～4000	19	0.7
	床头、阅读	桌面	500			—
儿童房	一般活动	地面	200	3000～4000	19	0.7
	床头、阅读	桌面	500			—
衣帽间		地面	150	3000～4000	—	—
卫浴间		地面	200	3000～4000	—	—
影音室		地面	100	3000	—	—
走廊、楼梯间		地面	100	3000～4000	—	—

注：1.《建筑装饰装修室内空间照明设计应用标准》T/ CBDA 49—2021 为团体标准，表中所列数值为住宅建筑照明设计时建议满足的标准，指标要求比 GB 50034—2013 更高一些。

2. 显色指数 R_a 不宜低于 0.9，特殊显色指数 R_9 宜大于 0，色彩保真度 R_f 不宜低于 90。

3. 影音室的照明建议值适用于观影前阶段，不包含彩色光的部分。